河南省工程建设标准

DBJ41/T 216-2019
备案号：J14680-2019

河南省成品住宅评价标准

Evaluation standard for finished housing of henan province

2019-05-12 发布 2019-06-01 实施

河南省住房和城乡建设厅 发布

河南省工程建设标准

河南省成品住宅评价标准

Evaluation standard for finished housing of henan province

DBJ41/T 216 -2019

主编单位:河南省中原成品房研究中心
机械工业第六设计研究院有限公司
批准单位:河南省住房和城乡建设厅
施行日期:2019 年 6 月 1 日

黄河水利出版社
2019 郑 州

图书在版编目(CIP)数据

河南省成品住宅评价标准/河南省中原成品房研究中心,机械工业第六设计研究院有限公司主编. —郑州:黄河水利出版社,2019.6

河南省工程建设标准

ISBN 978-7-5509-2428-4

Ⅰ. ①河…　Ⅱ. ①河…②机…　Ⅲ. ①住宅-建筑设计-评价标准-河南　Ⅳ. ①TU241-65

中国版本图书馆 CIP 数据核字(2019)第 130949 号

出 版 社:黄河水利出版社

地址:河南省郑州市顺河路黄委会综合楼 14 层　邮政编码:450003

发行单位:黄河水利出版社

发行部电话:0371-66026940、66020550、66028024、66022620(传真)

E-mail:hhslcbs@126.com

承印单位:郑州豫兴印刷有限公司

开本:850 mm×1 168 mm　1/32

印张:2.25

字数:56 千字

版次:2019 年 6 月第 1 版　　印次:2019 年 6 月第 1 次印刷

定价:32.00 元

河南省住房和城乡建设厅文件

公告〔2019〕53号

河南省住房和城乡建设厅
关于发布工程建设标准《河南省成品住宅评价标准》的公告

现批准《河南省成品住宅评价标准》为我省工程建设地方标准，编号为 DBJ41/T 216－2019，自 2019 年 6 月 1 日起在我省施行。

本标准在河南省住房和城乡建设厅门户网站(www.hnjs.gov.cn)公开，并由河南省住房和城乡建设厅负责管理，由河南省中原成品房研究中心、机械工业第六设计研究院有限公司负责技术解释。

河南省住房和城乡建设厅

2019 年 5 月 12 日

前　言

根据《河南省住房和城乡建设厅关于印发2016年度河南省工程建设标准制订修订补充计划的通知》(豫建设标〔2016〕49号)的要求,编制组结合河南省地方特点,广泛调查研究、认真总结国内成品住宅建设工程方面的实践经验和研究成果,参考了有关国外先进标准,并在广泛征求意见的基础上,编制本标准。

本标准共分9章,主要内容包括总则、术语、基本规定、功能空间、材料部品、人体工程、室内环境、成品效果、提高与创新。

本标准由河南省住房和城乡建设厅负责管理,由河南省中原成品房研究中心、机械工业第六设计研究院有限公司负责具体技术内容的解释。在执行过程中,请各单位注意总结经验,积累资料,并及时把意见和建议反馈到河南省中原成品房研究中心(地址:河南省郑州市郑东新区郑开大道89号河南建设大厦东塔8楼19号),以便今后修订时参考。

主编单位:河南省中原成品房研究中心
机械工业第六设计研究院有限公司

参编单位:河南省建设工程质量监督总站
河南省城市绿色发展协会
郑州市建筑节能与装配式建筑管理办公室
郑州市工程质量监督站郑州经济技术开发区分站
河南科兴建设有限公司
郑州亚新房地产开发有限公司
郑州茂辉置业有限公司
中建八局第一建设有限公司
河南新绘检测技术服务有限公司
河南诚品科技有限公司

编制人员：肖艳辉　毛卫东　张　弘　陈贵平　王明磊
宣向军　郝志江　司政凯　牛　飚　牛秋蔓
李　博　申国强　王春喜　查天宇　廉小虔
张金锦　王松梅　余德举　徐　晋　王国涛
王军强　任红杰　董　标　邹　锋　刘亮亮
王　妍　杨　宁　仝亚非　于　科　时　建
翟红刚　张　博　焦帅军　康　乐　张新慧
任　林　王　成　冯　月　周会强　刘　静
卫创业
审查人员：鲁性旭　魏素巍　李亦工　胡伦坚　关　罡
唐　丽　陈家兴　郑丹枫　王华强

目　次

1 总 则

1.0.1 为贯彻落实国家相关政策,完善住宅性能,提升居住品质,节约资源,减少浪费,推进我省成品住宅高质量发展,规范成品住宅的评价工作,制定本标准。

1.0.2 本标准适用于我省新建成品住宅和既有住宅的改造。

1.0.3 成品住宅评价应遵循以人为本的原则,满足人们居住品质的要求,对成品住宅的功能性、经济性、适用性、环境性、质量性、先进性等综合性能进行评价。

1.0.4 成品住宅评价除应符合本标准的规定外,尚应符合国家和河南省现行的有关标准的规定。

2 术　语

2.0.1 成品住宅 finished housing

按照一体化设计实施，完成套内所有功能空间的固定面铺装或涂饰、管线及终端安装、门窗、厨房和卫生间等基本设施配备，已具备使用功能的新建住宅。

2.0.2 居住品质 inhabiting quality

指居住空间的功能性、经济性、适用性、环境性、质量性、先进性等，以及心理、生理方面的综合感知。

2.0.3 一体化设计 integrated design

建筑设计与内装设计同时设计、统一出图，建筑和内装专业协调结构、给排水、暖通、燃气、电气、智能化等各个专业，细化建筑物的使用功能，完成从建筑整体到建筑局部(室内)的设计。

2.0.4 住宅部品 housing components

按照一定的边界条件和配套技术，由两个或两个以上的住宅单一产品或复合产品在现场组装而成，构成住宅某一部位中的一个功能单元，能满足该部位一项或几项功能要求的产品。

2.0.5 人体工程 human engineering

根据住宅部品、设备设施的功能和特点，合理确定人、部品、环境的相互关系，使之相互适应，创造出舒适、健康、安全的居住环境，并使人体工效达到最优。

2.0.6 装配式内装 assembly interior finish

通过设计集成，由工厂生产的集成化住宅部品在现场进行组合安装的工业化内装建造方式。

3 基本规定

3.1 一般规定

3.1.1 成品住宅评价以单位工程的居住空间为评价对象。

3.1.2 成品住宅评价分为设计评价和综合评价：

1 设计评价应在施工图设计文件审查通过及样板房施工完成后进行；

2 综合评价在竣工验收完成后进行。

3.1.3 申请评价项目应按照成品住宅一体化设计实施，提交套内功能需求分析、材料部品清单、人体工程分析、室内环境检测报告等相关文件。

3.1.4 样板房应在交房日期之后180日内不得拆除，以此作为交房标准。

3.2 评价方法与等级划分

3.2.1 成品住宅评价指标体系由功能空间、材料部品、人体工程、室内环境、成品效果、提高与创新六类指标构成。提高与创新指标由评分项组成，其他指标均由基本项和评分项组成。

3.2.2 基本项的评定结果为满足或不满足；评分项的评定结果为分值。成品住宅评价应在满足本标准所有基本项的前提下进行评价。

3.2.3 成品住宅各项评价指标评分项分值见表3.2.3。

表 3.2.3　成品住宅各项评价指标评分项分值

指标 Q	功能空间 Q_1	材料部品 Q_2	人体工程 Q_3	室内环境 Q_4	成品效果 Q_5	提高与创新 Q_6
分值 q	16	33	31	16	11	10
权重 ω	0.15	0.30	0.25	0.15	0.10	0.05

3.2.4　成品住宅各项指标的评分项最终总得分按下式计算：

$$Q = \sum (P_n / q_n \times 100 \times \omega_n)$$

注：P 为每一项指标得分，最终得分保留一位小数。

3.2.5　成品住宅评价按居住品质总得分确定等级，详见表3.2.5。

表 3.2.5　成品住宅等级划分

序号	居住品质 P	等级	符号
1	$50 \leqslant P < 60$	一星级	★
2	$60 \leqslant P < 80$	二星级	★★
3	$P \geqslant 80$	三星级	★★★

4 功能空间

4.1 基本项

4.1.1 成品住宅应按居住需求设置功能空间。每套住宅应至少具备起居室(厅)、卧室、厨房和卫生间等基本功能空间。

4.1.2 套内空间和设施应符合相关防火规范的规定,满足安全疏散的要求。

4.1.3 功能空间尺度应符合《河南省成品住宅设计标准》DBJ41/T 163 和《住宅设计规范》GB 50096 的相关规定。

4.2 评分项

4.2.1 功能空间组合、布局合理,满足居住需求。

4.2.2 起居室(厅)、卧室空间尺度和配套设施满足生活起居的舒适要求。

4.2.3 厨房空间尺度和配套设施满足炊事合理要求。

4.2.4 卫生间空间尺寸和配套设施满足盥洗、便溺和洗浴等活动要求。

4.2.5 套内设置独立餐厅。无独立餐厅的套型设置就餐空间。

4.2.6 根据居住需求拓展空间功能,满足适用性和美观要求。

4.2.7 户门入口处设置套内前厅。

4.2.8 收纳系统设置合理。收纳系统所占套内空间容积比。

1 不低于3%;

2 不低于5%;

3 不低于7%。

4.2.9 合理利用阳台,综合设置收纳、洗晾、休闲等功能。

4.2.10 套内动线合理、顺畅、便捷。

4.2.11 住宅设备与管线布置集中、合理。

4.2.12 住宅部品与建筑主体遵循模数协调原则。

4.3 功能空间评分表

功能空间评分表如表4.3所示。

表4.3 功能空间评分表

条文号	条文	分值(分)	评分办法	评分(分)
4.2.1	功能空间组合、布局合理,满足居住需求	2	功能空间组合、布局合理	0~2
4.2.2	起居室(厅)、卧室空间尺度和配套设施满足生活起居的舒适要求	1	空间尺度	0~0.5
			配套设施	0~0.5
4.2.3	厨房空间尺度和配套设施满足炊事合理要求	1	空间尺度	0~0.5
			配套设施	0~0.5
4.2.4	卫生间空间尺寸和配套设施满足盥洗、便溺和洗浴等活动要求	1	空间尺度	0~0.5
			配套设施	0~0.5
4.2.5	套内设置独立餐厅。无独立餐厅的套型设置就餐空间	1	独立餐厅	1
			就餐空间	0.5
4.2.6	根据居住需求拓展空间功能,满足适用性和美观要求	1	拓展功能空间,如套内前厅、书房、阳台、活动空间、收纳空间、老人空间、儿童空间、个性空间等	3个得0.5分,每增加一项加0.1分,最高得1分

续表 4.3

条文号	条文	分值（分）	评分办法	评分（分）
4.2.7	户门入口处设置套内前厅	1	有套内前厅	1
4.2.8	收纳系统设置合理。收纳系统所占套内空间容积比	3	不低于3%	1
			不低于5%	2
			不低于7%	3
4.2.9	合理利用阳台，综合设置收纳、洗晾、休闲等功能	1	阳台功能	1个得0.5分，2个及2个以上得1分
4.2.10	套内动线合理、顺畅、便捷	1	套内动线	0～1
4.2.11	住宅设备与管线布置集中、合理	1	设备管线布置	0～1
4.2.12	住宅部品与建筑主体遵循模数协调原则	2	模数协调	0～2

5 材料部品

5.1 基本项

5.1.1 严禁使用国家已经明令淘汰的材料、部品。所采用的材料、部品的质量、规格、品种和有害物质限量应符合国家和河南省现行标准的规定。

5.1.2 采用的材料、部品应提供合格证书及相关性能检测报告。进口产品应出具商检报告。

5.1.3 内装材料的燃烧性能应符合现行国家标准《建筑设计防火规范》GB 50016 和《建筑内部装修设计防火规范》GB 50222 的规定。

5.2 评分项

5.2.1 采用装配式内装，内装装配率计算详见附录 A，内装装配率所占比例。

1 不低于 30%；

2 不低于 60%；

3 不低于 75%。

5.2.2 使用绿色天然材料、以废弃物为原料生产的建材、可再利用材料和可再循环材料等绿色建材占可用内装建材总量的比例。

1 不低于 30%；

2 不低于 50%；

3 不低于 70%。

5.2.3 起居室（厅）。

1　起居区配套相应功能,配置相关附属设施或预留相应空间。

2　墙面材料易清洁;地面材料防滑耐磨;顶棚材料防潮防火。

3　结合场景选择功能性灯具。

4　功能面板统一配置,集成处理。

5　插座预留合理,满足使用数量要求。

6　合理配置收纳、展示空间。

5.2.4　卧室。

1　卧室配套相应功能,配置相关附属设施或预留相应空间。

2　墙面材料易清洁、吸声;地面材料柔性、防滑;儿童房墙面材料抗污染;门易清洁,隔声、保温。

3　入口及床头处设置双控开关。

4　床头设满足功能的照明和相应数量插座。

5　设置紧急呼救按钮。

6　收纳系统和步入式衣帽间集成设计。

5.2.5　厨房。

1　优先采用集成橱柜,配置相关附属设施或预留相应空间。

2　墙面材料耐腐蚀、易清洁;地面材料防滑耐磨;墙面、吊顶材料防火防潮;门易清洁。

3　橱柜材料无毒无害、耐水、耐腐蚀、易清洁;操作台面材料防水、防污、抗酸碱。

4　操作台面前沿设置隔水沿,台面上方配置相应数量插座。

5　燃气具设有意外熄火安全保护装置;厨房有防止油烟扩散措施。

6　厨房宜采用面光照明;灯具易清洁、防雾、防尘、防水。

7　配置垃圾处理器。

5.2.6 卫生间。

1 墙面材料耐腐蚀、易清洁;地面材料防滑耐磨;墙面材料防水、易清洁;湿区门易清洁、防水。

2 面镜具有防雾功能。

3 灯具易清洁、防雾、防水。

4 合理设置收纳系统、毛巾架、卫生纸架等部品。

5 坐便器旁设置置物架和预留插座。

6 设置紧急呼救按钮。

7 有适老性功能要求的,门洞口尺寸便于适老化设施通过,坐便器旁设置助力设施。

8 采用集成卫浴。

5.2.7 套内前厅。

1 配置便于换鞋、整理衣帽及收纳等相关设施,设置可遮挡视线设施。

2 功能面板、强弱电箱、集成管线统一配置,集成处理。

3 设置人体感应灯。

5.2.8 餐厅。

1 餐厅配套相应功能,配置相关附属设施或预留相应空间。

2 墙面材料易清洁;地面材料易清洁、防滑耐磨。

3 灯具易清洁、防雾。

4 预留满足相应功能数量的电源插座。

5.2.9 阳台。

1 阳台配套相应功能,配置相关附属设施或预留相应空间。

2 墙面材料易清洁、防水、耐腐蚀;地面材料易清洁、防水、防滑耐磨。

3 预留满足相应数量的电源插座。

5.2.10 收纳系统根据功能选用相应的材料、部品。木制收纳系统的材质应区分纯原木和合成材料；其他材质收纳系统应区分无机材料和有机材料。

5.2.11 住宅设备与管线采用集成技术、总成安装。

5.2.12 燃气表优先设置在户外。厨房应设可燃气体浓度探测器。

5.2.13 根据功能空间的拓展功能需求，配套相应的材料、部品。

5.3 材料部品评分表

材料部品评分表如表5.3所示。

表5.3 材料部品评分表

条文号	条文	分值（分）	评分办法	评分（分）
5.2.1	采用装配式内装，内装装配率计算详见附录A，内装装配率所占比例	4	不低于30%	2
			不低于60%	3
			不低于75%	4
5.2.2	使用绿色天然材料、以废弃物为原料生产的建材、可再利用材料和可再循环材料等绿色建材占可用内装建材总量的比例	4	不低于30%	2
			不低于50%	3
			不低于70%	4

续表 5.3

条文号	条文	分值（分）	评分办法	评分（分）
5.2.3	起居室(厅)	3	起居区配套相应功能，配置相关附属设施或预留相应空间	0～0.5
			墙面材料易清洁；地面材料防滑耐磨；顶棚材料防潮防火	0～0.5
			结合场景选择功能性灯具	0～0.5
			功能面板统一配置，集成处理	0～0.5
			插座预留合理，满足使用数量要求	0～0.5
			合理配置收纳、展示空间	0～0.5
5.2.4	卧室	3	卧室配套相应功能，配置相关附属设施或预留相应空间	0～0.5
			墙面材料易清洁、吸声；地面材料柔性、防滑；儿童房墙面材料抗污染；门易清洁，隔声、保温	0～0.5
			入口及床头处设置双控开关	0.5
			床头设满足功能的照明和相应数量插座	0～0.5
			设置紧急呼救按钮	0.5
			收纳系统和步入式衣帽间集成设计	0～0.5

续表 5.3

条文号	条文	分值（分）	评分办法	评分（分）
5.2.5	厨房	4	优先采用集成橱柜，配置相关附属设施或预留相应空间	0~1
			墙面材料耐腐蚀、易清洁；地面材料防滑耐磨；墙面、吊顶材料防火防潮；门易清洁	0~0.5
			橱柜材料无毒无害、耐水、耐腐蚀、易清洁；操作台面材料防水、防污、抗酸碱	0~0.5
			操作台面前沿设置隔水沿，台面上方配置相应数量插座	0~0.5
			燃气具设有意外熄火安全保护装置；厨房有防止油烟扩散措施	0~0.5
			厨房宜采用面光照明；灯具易清洁、防雾、防尘、防水	0~0.5
			配置垃圾处理器	0.5

续表 5.3

条文号	条文	分值（分）	评分办法	评分（分）
5.2.6	卫生间	4	墙面材料耐腐蚀、易清洁;地面材料防滑耐磨;墙面材料防水、易清洁;湿区门易清洁、防水	0~0.5
			面镜具有防雾功能	0.5
			灯具易清洁、防雾、防水	0~0.5
			合理设置收纳系统、毛巾架、卫生纸架等部品	0~0.5
			坐便器旁设置置物架和预留插座	0.5
			设置紧急呼救按钮	0.5
			有适老性功能要求的,门洞口尺寸便于适老化设施通过,坐便器旁设置助力设施	0~0.5
			采用集成卫浴	0.5
5.2.7	套内前厅	2	配置便于换鞋、整理衣帽及收纳等相关设施,设置可遮挡视线设施	0~1
			功能面板、强弱电箱、集成管线统一配置,集成处理	0~0.5
			设置人体感应灯	0~0.5

续表 5.3

条文号	条文	分值(分)	评分办法	评分(分)
5.2.8	餐厅	2.5	餐厅配套相应功能,配置相关附属设施或预留相应空间	0~1
			墙面材料易清洁;地面材料易清洁、防滑耐磨	0~0.5
			灯具易清洁、防雾	0~0.5
			预留满足相应功能数量的电源插座	0~0.5
5.2.9	阳台	1.5	阳台配套相应功能,配置相关附属设施或预留相应空间	0~0.5
			墙面材料易清洁、防水、耐腐蚀;地面材料易清洁、防水、防滑耐磨	0~0.5
			预留满足相应数量的电源插座	0~0.5
5.2.10	收纳系统根据功能选用相应的材料、部品。木制收纳系统的材质应区分纯原木和合成材料;其他材质收纳系统应区分无机材料和有机材料	2	材料、部品选择合理	1
			木制收纳系统采用纯原木,或其他材质收纳系统采用无机材料	1

续表 5.3

条文号	条文	分值（分）	评分办法	评分（分）
5.2.11	住宅设备与管线采用集成技术、总成安装	1	集成技术、总成安装	0~1
5.2.12	燃气表优先设置在户外。厨房应设可燃气体浓度探测器	1	燃气表在户外安装	0.5
			厨房应设可燃气体浓度探测器	0.5
5.2.13	根据功能空间的拓展功能需求，配套相应的材料、部品	1	配套相应的材料、部品	0~1

6 人体工程

6.1 基本项

6.1.1 功能空间配套设施满足当地人体活动特征，符合人体工程设计，满足地域性的生活需求。

6.1.2 起居室(厅)、卧室设施尺寸满足生活起居的基本要求。

6.1.3 厨房设施尺寸遵循炊事操作流程基本设置。

6.1.4 卫生间设施尺寸满足盥洗、便溺和洗浴等活动基本要求。

6.2 评分项

6.2.1 功能空间的光影与色彩搭配应符合人体心理和生理需求。

6.2.2 起居室(厅)。

1 动线合理，满足配套功能要求。

2 空调送风口避免正对人员长时间停留的地方。

3 功能面板、插座的位置、尺寸与配套相关附属设施、人体活动特征相适应。

6.2.3 卧室。

1 动线合理，满足配套功能要求。

2 就寝区处于空调回流区内。

3 设置感应夜灯。

4 主卧室宜设置专用卫生间、衣帽间。

5 功能面板、插座的位置、尺寸与配套相关附属设施、人体活动特征相适应。

6.2.4 厨房。

1 厨房宜采用L形或U形布置，满足炊事操作流程短捷顺畅要求。

2 燃气管线应与厨房设施布置同步实施。

3 厨房操作空间、配套设施尺寸符合当地人体活动特征。

4 厨房配套设施尺寸与公用管线的接口位置、尺寸相适应。

6.2.5 卫生间。

1 卫生间分区合理，采用分离式卫生间。

2 卫生间活动空间、配套设施尺寸符合当地人体活动特征。

3 卫生间配套设施尺寸与公用管线的接口位置、尺寸相适应。

4 卫生间适老化设施满足老人活动特征。

6.2.6 阳台。

1 功能面板、插座的位置、尺寸与配套相关附属设施、人体活动特征相适应。

2 配套设施尺寸与公用管线的接口位置、尺寸相适应。

6.2.7 套内前厅设施尺度满足放置物品、换鞋、更衣、收纳等人体活动要求。

6.2.8 收纳系统便于使用。

6.2.9 室内照明。

1 照明灯具类型、照度满足室内光环境要求。

2 照明质量满足场景功能和人体舒适健康的要求。

3 卧室和餐厅采用低色温光源。

6.2.10 家居智能化系统。

1 满足家居智能化基本要求。

2 满足家居智能化先进要求。

3 满足全屋家居智能化要求。

6.2.11 界面材料色彩满足空间功能、人体心理和生理需求，达到统一协调效果。

6.2.12 住宅设备与管线应易于检修。

6.2.13 无障碍成品住宅应满足《无障碍设计规范》GB 50763 相关要求。

6.3 人体工程评分表

人体工程评分表如表6.3所示。

表6.3 人体工程评分表

条文号	条文	分值（分）	评分办法	评分（分）
6.2.1	功能空间的光影与色彩搭配应符合人体心理和生理需求	2	光影与色彩搭配	0~2
6.2.2	起居室（厅）	3	动线合理，满足配套功能要求	0~1
			空调送风口避免正对人员长时间停留的地方	0~1
			功能面板、插座的位置、尺寸与配套相关附属设施、人体活动特征相适应	0~1

续表 6.3

条文号	条文	分值（分）	评分办法	评分（分）
6.2.3	卧室	4	动线合理，满足配套功能要求	0~1
			就寝区处于空调回流区内	0~0.5
			设置感应夜灯	0.5
			主卧室宜设置专用卫生间	0.5
			主卧室宜设置专用衣帽间	0.5
			功能面板、插座的位置与配套相关附属设施、人体活动特征相适应	0~0.5
			功能面板、插座的尺寸与配套相关附属设施、人体活动特征相适应	0~0.5
6.2.4	厨房	4	厨房宜采用 L 形或 U 形布置，满足炊事操作流程短捷顺畅	0~1
			燃气管线应与厨房设施布置同步实施	0~1
			厨房操作空间、配套设施尺寸符合当地人体活动特征	0~1
			厨房配套设施尺寸与公用管线的接口位置、尺寸相适应	0~1

续表 6.3

条文号	条文	分值（分）	评分办法	评分（分）
6.2.5	卫生间	3	卫生间分区合理，采用分离式卫生间	两分离式得0.5分，三分离式及以上得1分
			卫生间活动空间、配套设施尺寸符合当地人体活动特征	0～0.5
			卫生间配套设施尺寸与公用管线的接口位置、尺寸相适应	0～0.5
			卫生间适老化设施满足老人活动特征	0～1
6.2.6	阳台	2	功能面板、插座的位置、尺寸与配套相关附属设施、人体活动特征相适应	0～1
			配套设施尺寸与公用管线的接口位置、尺寸相适应	0～1

续表6.3

条文号	条文	分值（分）	评分办法	评分（分）
6.2.7	套内前厅设施尺度满足放置物品、换鞋、更衣、收纳等人体活动要求	1	套内前厅设施尺度	2项得0.5分，每增加一项加0.5分，最高得1分
6.2.8	收纳系统便于使用	1	便于使用	0～1
6.2.9	室内照明	3	照明灯具类型、照度满足室内光环境要求	0～1
			照明质量满足场景功能和人体舒适健康的要求	0～1
			卧室和餐厅采用低色温光源	0～1
6.2.10	家居智能化系统	3	满足家居智能化基本要求	1
			满足家居智能化先进要求	2
			满足全屋家居智能化要求	3
6.2.11	界面材料色彩满足空间功能、人体心理和生理需求，达到统一协调效果	2	满足空间功能需求	0～1
			满足人体心理和生理需求	0～1

续表 6.3

条文号	条文	分值（分）	评分办法	评分（分）
6.2.12	住宅设备与管线应易于检修	2	设备易于检修	0～1
			管线易于检修	0～1
6.2.13	无障碍成品住宅应满足《无障碍设计规范》GB 50763 相关要求	1	满足相关要求	0～1

7 室内环境

7.1 基本项

7.1.1 满足绿色建筑评价的要求，通过绿色建筑施工图审查或获得绿色建筑设计标识认证。

7.1.2 室内安全应符合《住宅室内装饰装修设计规范》JGJ 367的相关规定。

7.1.3 燃气工程的设计应符合《城镇燃气设计规范》GB 50028的有关规定。

7.2 评分项

7.2.1 采取有效措施改善和提高室内环境质量，满足人体舒适和健康要求。

7.2.2 室内空气质量。

1 室内温度、湿度、气流组织满足人体舒适和健康要求。

2 厨房、卫生间、步入式衣帽间满足通风要求。

3 室内采暖应设置室温控制设施。

4 采用新风系统。

7.2.3 采取有效措施降低室内环境污染物浓度。室内空气环境污染物浓度限值至少应符合表7.2.3的规定。

表 7.2.3　成品住宅室内空气环境污染物浓度限值

项次	污染物	浓度限值
1	氡(Bq/m^3)	≤200
2	甲醛(mg/m^3)	≤0.08
3	苯(mg/m^3)	≤0.09
4	氨(mg/m^3)	≤0.2
5	TVOC(mg/m^3)	≤0.5

7.2.4　室内声环境。

1　采取有效措施降低室内声环境噪声级。室内声环境限值至少应符合表 7.2.4 的规定。

表 7.2.4　成品住宅室内允许噪声级限值

房间名称	允许噪声级(A 声级,dB)	
	昼间	夜间
卧室	≤45	≤37
起居室	≤45	≤45

2　管线穿过楼板和墙体时,孔洞周边应采取密封隔声措施。

3　户门具备保温、隔声功能。

4　采取有效措施减少振动。

7.2.5　室内光环境。

1　采取有效措施提高室内光环境质量,应符合表 7.2.5 的规定。

表 7.2.5 住宅建筑照明标准值

<table>
<tr><th colspan="2">房间或场所</th><th>参考平面及其高度</th><th>照度标准值（lx）</th><th>显色指数（Ra）</th></tr>
<tr><td rowspan="2">起居室</td><td>一般活动</td><td>0.75 m 水平面</td><td>100</td><td rowspan="2">80</td></tr>
<tr><td>书写、阅读</td><td>0.75 m 水平面</td><td>300*</td></tr>
<tr><td rowspan="2">卧室</td><td>一般活动</td><td>0.75 m 水平面</td><td>75</td><td rowspan="2">80</td></tr>
<tr><td>书写、阅读</td><td>0.75 m 水平面</td><td>150*</td></tr>
<tr><td colspan="2">餐厅</td><td>0.75 m 餐桌面</td><td>150</td><td>80</td></tr>
<tr><td rowspan="2">厨房</td><td>一般活动</td><td>0.75 m 水平面</td><td>100</td><td rowspan="2">80</td></tr>
<tr><td>操作台</td><td>台面</td><td>150*</td></tr>
<tr><td colspan="2">卫生间</td><td>0.75 m 水平面</td><td>100</td><td>80</td></tr>
</table>

2 充分利用天然光，创造良好光环境。

3 室内照明应避免光污染和眩光。

4 墙面及顶棚材料避免使用高反射材料。

5 宜选用高效节能的光源及安全适用的灯具。

7.2.6 优先使用高效节水器具；采取措施提升用水品质。

7.3 室内环境评分表

室内环境评分表如表 7.3 所示。

表 7.3　室内环境评分表

条文号	条文	分值(分)	评分办法	评分(分)
7.2.1	采取有效措施改善和提高室内环境质量,满足人体舒适和健康要求	2	改善室内环境质量	0~1
			满足人体舒适和健康要求	0~1
7.2.2	室内空气质量	3	室内温度、湿度、气流组织满足人体舒适和健康要求	0~1
			厨房、卫生间、步入式衣帽间满足通风要求	0~0.5
			室内采暖应设置室温控制设施	0~0.5
			采用新风系统	0~1
7.2.3	采取有效措施降低室内环境污染物浓度	3	室内环境污染物浓度	全部满足得0.5分,每一项浓度降低超过10%增加0.5分
7.2.4	室内声环境	4	满足表7.2.4	0.5
			管线穿过楼板和墙体时,孔洞周边应采取密封隔声措施	0~2
			户门具备保温、隔声功能	0~0.5
			采取有效措施减少振动	0~1

续表 7.3

条文号	条文	分值（分）	评分办法	评分（分）
7.2.5	室内光环境	3	满足表 7.2.5	0.5
			天然光	0～0.5
			光污染和眩光	0～1
			墙面及顶棚材料	0～0.5
			高效节能安全的灯具	0～0.5
7.2.6	优先使用高效节水器具；采取措施提升用水品质	1	优先使用高效节水器具	0～0.5
			采取措施提升用水品质	0～0.5

8 成品效果

8.1 基本项

8.1.1 工程质量应按《河南省成品住宅工程质量分户验收规程》DBJ41/T 194 组织验收。

8.1.2 工程资料齐全,隐蔽工程应附有影像资料。

8.1.3 室内环境检测应在内装工程完工至少 7 天后进行,检测结果应符合国家和河南省现行的有关标准的规定。

8.1.4 设施设备与设计文件列明的质量标准、规格型号、性能参数一致。

8.2 评分项

8.2.1 使用功能齐全、合理、运行正常。

8.2.2 采用标准化技术,有提高部品互换性、通用性措施。

8.2.3 实施采用一体化管理并提供相关资料。

8.2.4 各功能空间内装风格协调一致;设备设施与内装风格搭配合理。

8.2.5 体验舒适效果明显。

8.3 成品效果评分表

成品效果评分表如表 8.3 所示。

表8.3　成品效果评分表

条文号	条文	分值（分）	评分办法	评分（分）
8.2.1	使用功能齐全、合理、运行正常	2	使用功能	0～2
8.2.2	采用标准化技术,有提高部品互换性、通用性措施	2	标准化技术	0～2
8.2.3	实施采用一体化管理并提供相关资料	2	一体化管理	0～2
8.2.4	各功能空间内装风格协调一致;设备设施与内装风格搭配合理	2	风格协调一致	0～1
			风格搭配合理	0～1
8.2.5	体验舒适效果明显	3	体验舒适	0～3

9 提高与创新

9.1 评分项

9.1.1 在项目中采取创新技术提升居住品质。所鉴定结论达到下列水平时予以加分。

1 国内先进技术；

2 国内领先技术；

3 国际先进技术。

9.1.2 在项目中采取的新技术、新工艺、新方法，获得国家专利、行业或省部级以上科学技术奖予以加分。

1 本项目研发获得国家专利；

2 获得行业或省部级以上科学技术奖。

9.2 提高与创新评分表

提高与创新评分表如表9.2所示。

表9.2 提高与创新评分表

条文号	条文	分值（分）	评分办法	评分（分）
9.1.1	在项目中采取创新技术提升居住品质。所鉴定结论达到下列水平时予以加分	5	国内先进技术	每项得0.5
			国内领先技术	每项得1
			国际先进技术	每项得2

续表 9.2

条文号	条文	分值（分）	评分办法	评分（分）
9.1.2	在项目中采取的新技术、新工艺、新方法，获得国家专利、行业或省部级以上科学技术奖予以加分	5	获得国家专利、行业或省部级以上科学技术奖	每项得1分，最高得5分

附录A　内装装配率计算方法

内装装配率参照《装配式建筑评价标准》GB/T 51129 中全装修比例计算方法，根据表 A.1 中评价项分值按下式计算：

$$R = (\sum r/30) \times 100\% \qquad (A\text{-}1)$$

表 A.1　评价项的评价要求及分值

评价项	评价要求	评价分值(分)
集成厨房 r_1	70% ≤比例≤90%	3～6
集成卫生间 r_2	70% ≤比例≤90%	3～6
内隔墙非砌筑墙体 r_3	比例≥50%	3
内隔墙采用墙体管线一体化 r_4	50% ≤比例≤80%	3～6
管线分离 r_5	50% ≤比例≤70%	3～6
干式工法地面 r_6	比例≥70%	3

注：表中分值采用“内插法”计算。

(1)集成厨房的橱柜和厨房设备等应全部安装到位，墙面、顶面和地面中干式工法的应用比例应按下式计算：

$$r_1 = A_1/A_{k1} \times 100\% \qquad (A\text{-}2)$$

式中　r_1——集成厨房干式工法的应用比例；

A_1——套内厨房墙面、顶面和地面采用干式工法的面积之和；

A_{k1}——套内厨房墙面、顶面和地面的总面积。

(2)集成卫生间的洁具设备等应全部安装到位，墙面、顶面和地面中干式工法的应用比例应按下式计算：

$$r_2 = A_2/A_{k2} \times 100\% \qquad (A\text{-}3)$$

式中　r_2——集成卫生间干式工法的应用比例；

A_2——套内卫生间墙面、顶面和地面采用干式工法的面积之和；

A_{k2}——套内卫生间墙面、顶面和地面的总面积。

(3)内隔墙非砌筑墙体的应用比例应按下式计算：

$$r_3 = A_3/A_{k3} \times 100\% \tag{A-4}$$

式中 r_3——内隔墙非砌筑墙体的应用比例；

A_3——套内隔墙中非砌筑墙体的墙面面积之和，计算时可不扣除门、窗及预留洞口等的面积；

A_{k3}——套内内隔墙墙面总面积，计算时可不扣除门、窗及预留洞口等的面积。

(4)内隔墙采用墙体管线一体化的应用比例应按下式计算：

$$r_4 = A_4/A_{k4} \times 100\% \tag{A-5}$$

式中 r_4——内隔墙采用墙体管线一体化的应用比例；

A_4——套内内隔墙采用墙体管线一体化的墙面面积之和，计算时可不扣除门、窗及预留洞口等的面积；

A_{k4}——套内内隔墙的墙面面积之和，计算时可不扣除门、窗及预留洞口等的面积。

(5)管线分离比例应按下式计算：

$$r_5 = L_5/L_{k5} \times 100\% \tag{A-6}$$

式中 r_5——管线分离比例；

L_5——套内管线分离的长度，包括裸露于室内空间以及敷设在地面架空层、非承重墙体空腔和吊顶内的电气、给水、排水和采暖管线长度之和；

L_{k5}——套内电气、给水、排水和采暖管线的总长度。

(6)干式工法地面的应用比例应按下式计算：

$$r_6 = A_6/A_{k6} \times 100\% \tag{A-7}$$

式中 r_6——干式工法地面的应用比例；

A_6——套内采用干式工法的地面水平投影面积之和；

A_{k6}——套内地面水平投影面积之和。

本标准用词说明

1 为便于在执行本标准条文时区别对待,对要求严格程度不同的用词说明如下:

1)表示很严格,非这样做不可的用词:

正面词采用"必须",反面词采用"严禁"。

2)表示严格,在正常情况下均应这样做的用词:

正面词采用"应";反面词采用"不应"或"不得"。

3)表示允许稍有选择,在条件许可时首先应这样做的用词:正面词采用"宜";反面词采用"不宜"。

4)表示有选择,在一定条件下可以这样做的用词,采用"可"。

2 标准中指定应按其他有关标准、规范执行时,写法为:"应符合……的规定"或"应按……执行"。

引用标准名录

1 《民用建筑设计通则》GB 50352
2 《住宅建筑规范》GB 50368
3 《住宅设计规范》GB 50096
4 《建筑设计防火规范》GB 50016
5 《建筑内部装修设计防火规范》GB 50222
6 《无障碍设计规范》GB 50763
7 《民用建筑隔声设计规范》GB 50118
8 《建筑采光设计标准》GB/T 50033
9 《民用建筑工程室内环境污染控制规范》 GB 50325
10 《建筑给水排水设计规范》GB 50015
11 《建筑照明设计标准》GB 50034
12 《民用建筑供暖通风与空气调节设计规范》GB 50736
13 《绿色建筑评价标准》GB/T 50378
14 《民用建筑绿色设计规范》JGJ/T 229
15 《民用建筑电气设计规范》JGJ 16
16 《住宅室内装饰装修设计规范》JGJ 367
17 《河南省成品住宅装修工程技术规程》DBJ41/T 151
18 《城镇燃气设计规范》GB 50028
19 《城镇燃气技术规范》GB 50494
20 《装配式建筑评价标准》GB/T 51129
21 《河南省成品住宅设计标准》DBJ41/T 163
22 《河南省成品住宅工程质量分户验收规程》DBJ41/T 194

河南省工程建设标准

河南省成品住宅评价标准

DBJ41/T 216－2019

条　文　说　明

目　次

1 总 则

1.0.1 随着经济社会的发展，“毛坯房”的建设方式已不能满足人民群众美好生活的需求，二次装修造成的破坏主体结构、资源浪费和扰民等问题时有发生。发展成品住宅是住房和城乡建设领域提高建设水平、推进节能减排、加快住宅产业化的有力抓手，更是提高住房供应品质、推动住房供给侧结构性改革的重要途径。本标准的制定将为提高住宅性能、提升住宅品质、规范成品住宅的评价起到重要作用。

1.0.2 本标准主要适用于商品住宅、保障类住房、酒店式公寓等新建民用建筑的评价，不含别墅。部分不适合成品住宅评价的保障类住房、公寓等民用建筑，应按照成品住宅进行建设，满足本标准的基本项要求。

1.0.3 本条阐述了建设成品住宅应遵循的基本原则，满足居住品质的要求，体现了人文、绿色、健康、科技的理念，强调了人、机、环境的相互关系，注重舒适体验效果和建筑全寿命期的可持续发展，满足人们居住品质的要求，对成品住宅的功能性、经济性、适用性、环境性、质量性、先进性等综合性能进行评价。

1.0.4 成品住宅的建设除应符合本标准外，尚应符合国家和河南省现行的有关标准和法律法规的规定，全面体现经济效益、社会效益和环境效益的统一。

3 基本规定

3.1 一般规定

3.1.1 成品住宅评价以单位工程的居住空间为评价对象，可以是一幢建筑物，也可以是一个住区的若干幢建筑物。

3.1.2 成品住宅评价的前提是完成一体化设计。设计评价应在设计阶段进行并完成样板房建造，重点关注成品住宅的功能性、经济性、适用性、环境性、先进性等综合性能，进行分析判定。综合评价在项目竣工验收后进行，其重点关注的是成品住宅的质量性及观感效果。

3.1.3 本条阐述了成品住宅申请评价项目的一体化设计实施过程、关注重点和提交申报的资料，包括套内功能需求分析、材料部品清单、人体工程分析、室内环境检测报告等相关文件。同时对样板房室内环境检测验证了部品材料的污染物含量是否达标，以及室内声、光是否满足设计要求。

3.1.4 根据河南省住建厅等七部门《关于加快发展成品住宅的指导意见》（豫建房管〔2017〕23 号）要求，“成品住宅样板房应在取得预售许可证之前完成，在合同约定的交房日期之后 180 日内不得拆除，鼓励做实体样板房”。为保证消费者的权益，保证成品住宅评价的有效性，本标准要求申请评价项目样板房经授予星级的成品住宅销售合同附件中部品清单应与样板房保持一致。

3.2 评价方法与等级划分

3.2.1 本标准在进行广泛的调查研究和征求意见基础上，参考了国内外开展成品住宅的成功经验，依据河南省实际发展情况、技术水平和消费者需求等因素，确定了河南省成品住宅评价的标准指标和各项评价要求，分别为功能空间、材料部品、人体工程、室内环境、成品效果、提高与创新六类指标。提高与创新指标由评分项组成，其他指标均由基本项和评分项组成。

3.2.2 本条阐述了成品住宅的评价过程。评价认定机构在受理了申请评价方的申请后，需组织相关专家，采取会议评审形式对申报资料、样板房的质量和效果进行现场勘验审查，通过专家打分确定星级。基本项的评定结果为满足或不满足；评分项的评定结果为分值。成品住宅评价应在满足本标准所有基本项的前提下进行评价，不满足的不予评价。

3.2.3～3.2.5 本条阐述了成品住宅评价的评分依据，由相关专家在完成对申报资料查验、对样板房现场勘验后，按照本标准表3.2.3的规定确定最终得分。按照六类评价指标的评分项综合得分划分为三个等级：一星级、二星级、三星级（见表3.2.5）。申请评价的成品住宅项目，通过专家会议评审后，由评价机构报河南省中原成品房研究中心进行公示。公示15天无异议后，由河南省中原成品房研究中心授予星级证书。成品住宅按照专家会议评审后总得分划分为三个等级。推荐成本参考价是为保证成品住宅品质的重要经济性参考指标，开发企业可依照该指标对产品进行分级管理，设计企业可依照该指标进行限额设计。推荐成本参考价是变动的，可根据项目进行星级评价时当地的消费、物价水平，由评审专家复核确定。

表3.2.5 成品住宅等级划分

序号	居住品质 P	等级	符号	推荐成本参考价
1	$50 \leqslant P < 60$	一星级	★	800～1500元/m^2
2	$60 \leqslant P < 80$	二星级	★★	1300～2800元/m^2
3	$P \geqslant 80$	三星级	★★★	2500元/m^2以上

4 功能空间

4.1 基本项

4.1.1 根据《河南省成品住宅设计标准》DBJ41/T 163－2016 第4.1.1条,不管是商品住宅,还是保障类住房,要达到成品住宅的要求,就有一个基本配置的问题,即按照相应基本配置内容进行空间设计,具备基本入住条件。套内应设起居室(厅)、卧室、厨房和卫生间等基本功能空间,宜独立设置餐厅,无独立餐厅的套型应按功能分区的原则,在起居室(厅)或较大面积厨房设置就餐区,合理组织空间。因而,每套住宅应至少具备起居室(厅)、卧室、厨房和卫生间等基本功能空间。

4.1.2 根据《住宅设计规范》GB 50096 第3.0.8条,住宅设计应符合相关防火规范的规定,并应满足安全疏散的要求。成品住宅比以往的"毛坯房"交付增加了木作、布艺等耐火等级较低的内装部品,因此特别强调了套内空间和设施应符合相关防火规范的规定,并应满足安全疏散的要求。

4.1.3 根据《河南省成品住宅设计标准》DBJ41/T 163－2016 第4.2.4、4.3.1、4.3.2、4.7.5、4.7.6、4.7.7条等,对基本功能空间的使用面积、室内净高、门窗洞口最小净尺寸等都有相应说明,同时应符合国家标准《住宅设计规范》GB 50096 的相关规定。

4.2 评分项

4.2.1 功能空间组合是指由几个功能空间或单个功能空间结合成的整体;功能空间布局是指对组合的功能空间根据人的行为习惯和生活习性,以及空间动线和空间分区分析后而进行的全面规划和合理安排,以满足人们日益美好的居住生活需求服务的。

人是空间主体，功能空间布置是为满足人们日益美好的生活需求服务的。功能空间组合、布局合理，满足家庭生活功能需求，是通过人的生活习惯方式和人体活动为特征来检验空间的合理性，最终营造满足宜居性要求的居住环境。套内动线合理、顺畅，各活动动线基本互不影响，如入户动线合理顺畅、起居动线合理顺畅、LDK 动线合理顺畅、访客等其他动线合理顺畅。住宅空间的动静分区以及动线组织设计，都应根据人的活动特征和生活习惯来进行，同时满足适老性设计尺度。合理性最终通过人的五感体验来进行验证。

4.2.2 根据《住宅设计规范》GB 50096 规定，起居室（厅）是供居住者家人娱乐、团聚等活动的空间，卧室是供居住者睡眠、休息的空间。空间尺度和配套设施设置应满足起居室（厅）、卧室的不同功能需求，同时满足健康、安全、舒适的生活起居的要求。

4.2.3 根据《住宅设计规范》GB 50096－2011 规定，厨房是供居住者进行炊事活动的空间。厨房空间尺度应满足炊事活动（如洗、切、炒、盛等）基本要求。设施设置（如橱柜、抽烟机、灶具等）应满足该户型炊事交互活动的需求。

4.2.4 根据《住宅设计规范》GB 50096－2011 规定，卫生间是供居住者进行便溺、洗浴、盥洗等活动的空间，卫生间空间尺寸、配套设施和数量满足便溺、洗浴、盥洗等活动要求，空间尺度满足要求。

4.2.5 根据《河南省成品住宅设计标准》DBJ41/T 163－2016 第 4.1.1 条，对套内设置独立餐厅。无独立餐厅的套型设置就餐空间有详细阐述：不管是商品住宅，还是保障类住房，要达到成品住宅的要求，就有一个基本配置的问题，即按照相应基本配置内容进行空间设计，具备基本入住条件。在现行的住宅设计标准中，对套型设计要求上没有单独提出餐厅这一功能空间。根据经济的发展，餐厅逐渐成为居民生活需要的主要空间之一。在住房套型空间允许的情况下，应设计相对独立的餐厅。对面积较小的套型，宜在起居室(厅)中选择较少交通干扰、相对稳定的位置布置就餐区。

4.2.6 拓展功能空间应以人体活动为特征和满足心理、生理需求来合理根据户型功能拓展设置,同时要舒适美观。如套内前厅、书房、阳台、活动空间、收纳空间、老人空间、儿童空间、个性空间等。空间设置满足适用性和美观要求。

4.2.7 《河南省成品住宅设计标准》DBJ41/T 163－2016 第4.2.2条对套内前厅设置独立玄关系统有详细阐述:入户门口是人回家第一空间,因而套内前厅应设置独立玄关系统,且前厅空间功能布局合理。同时住户要解决站着换衣,坐着换鞋、梳妆,放置钥匙、雨伞、行李箱等一系列人性化生活习惯,因而必须有功能完善的收纳空间,完成后套内入口过道净宽不宜小于1.20 m。

4.2.8 《河南省成品住宅设计标准》DBJ41/T 163－2016 第4.1.3条对成品住宅收纳系统结合建筑特征合理设置有详细阐述:随着生活水平的提高,住户使用的物品越来越多,对住宅收纳空间的要求也越来越高。如门厅鞋柜、厨房厨柜、卫生间洗漱柜、衣帽间衣柜、阳台家政柜等收纳人的日常生活用品,收纳系统和人的日常生活需求密不可分,合理设置收纳系统非常重要。

衡量收纳系统通常采用占套内空间容积比。容积是空间内部的收纳容量,通常以立方米计,也就是说计量盛放物体的内部空间的容积用的单位名称是立方米。一星级成品住宅收纳系统所占套内空间容积比为3%;二星级成品住宅收纳系统所占套内空间容积比为5%;三星级成品住宅收纳系统所占套内空间容积比为7%(以上均为实际收纳系统交付标准,不含预留空间;一室一厅公寓此项不参与评分)。

4.2.9 《河南省成品住宅设计标准》DBJ41/T 163－2016 第4.6.1条对成品住宅阳台有详细阐述:衣物的晾晒为基本生活需求,而阳台的通风、采光条件均优于其他部位,晾晒空间放置在阳台有较大优势。因而,阳台具有洗晒功能。封闭式阳台可结合角落做收纳空间,条件允许的可以做茶室、花房等辅助休闲生活空间。

4.2.11 住宅设备与管线有一定使用寿命和周期,为了便于后期维护和维修,设计应将住宅设备与管线布置集中合理。住宅设备与管线布置集中、合理。

4.2.12 住宅部品的设计应满足模数化的要求,并与建筑主体模数相协调。鼓励住宅部品采用模块化、集成化部品,一是可提高工作效率,缩短建造周期;二是便于工厂化生产,便于现场安装;三是便于质量管控;四是可满足全寿命期住宅体系的不同阶段的需求,如更换部分损坏部件,或内部使用模式的调整。

5 材料部品

5.1 基本项

5.1.1 为保证内装工程质量、安全和节省材料，淘汰能耗高、安全性能差、不符合绿色环保理念的建筑材料，应时刻关注国家和地方不定期发布的禁止使用的建筑材料或建筑产品。根据《民用建筑工程室内环境污染控制规范》GB 50325－2001 第 5.3.3 条，民用建筑工程室内装修时，严禁使用苯、工业苯、石油苯、重质苯及混苯作为稀释剂和溶剂；根据第 5.3.4 条，民用建筑工程室内装修施工时，不应使用苯、甲苯、二甲苯和汽油进行除油和清除旧油漆作业；根据第 5.3.5 条，涂料、胶黏剂、水性处理剂、释剂和溶剂等使用后，应及时封闭存放，废料应及时清出。

苯是一种无色、具有特殊芳香气味的气体。胶水、油漆、涂料和黏合剂是空气中苯的主要来源。苯及苯系物被人体吸入后，可出现中枢神经系统麻醉作用；可抑制人体造血功能，使红血球、白血球、血小板减少，再生障碍性贫血患病率增高，引发胎儿的先天性缺陷等。

5.1.2 为保证内装工程质量和室内环境质量，所采用的部品、材料符合绿色、环保理念，应提供产品合格证书、相关性能检测报告。进口产品应提供商检报告。进场后应进行复试。

5.1.3 根据《建筑内部装修设计防火规范》GB 50222 第 1.0.3 条，建筑内部装修设计应充分考虑防火安全，积极采用不燃性材料和难燃性材料，避免采用燃烧时产生大量浓烟或有毒气体的材料，做到安全适用，技术先进，经济合理。根据第 3.0.3 条，装修材料的燃烧性能等级应按现行国家标准《建筑材料及制品燃烧性能分级》GB 8624 的有关规定，经检测确定。同时，应满足《建筑设计防火规范》GB 50016 的规定。

5.2 评分项

5.2.1 按照附录 A 计算范围和方式,计算该户型内装装配率。

5.2.2 废弃物主要包括建筑废弃物、工业废弃物和生活废弃物,可作为原材料用于生产绿色建材产品。在满足使用性能的前提下,鼓励利用建筑废弃物再生骨料制作的混凝土砌块、水泥制品和配制再生混凝土;提倡利用以工业废弃物、农作物秸秆、建筑垃圾、淤泥等为原料制作的水泥、混凝土、墙体材料、保温材料等建筑材料;提倡使用生活废弃物经处理后制成的建筑材料。

建筑中(不包含主体结构选材)可再循环材料包含两部分内容:一是材料本身就是可再循环材料;二是建筑拆除时能够被再循环利用的材料,如金属材料(钢材、铜)、玻璃、铝合金型材、石膏制品、木材等,而不可降解的建筑材料如聚氯乙烯(PVC)等材料不属于可循环材料范围。充分使用可再循环材料可以减少生产加工新材料对资源、能源的消耗和对环境的污染,对于建筑的可持续发展具有重要的意义。

天然绿色材料是指原木、竹子、天然石材、无机材料等对人体无害的装修材料。

计算时:

单项材料,比如:建筑中使用石膏砌块作内隔墙材料,其中以工业副产物石膏(脱硫石膏、磷石膏等)制作的工业副产物石膏砌块的使用量占建筑中使用石膏砌块总量的30%以上,同时在砌块中,工业副产物石膏的质量含量超过了20%,则认为该项条文完全满足要求。

材料综合,比如:所有绿色建材使用量占同类建筑材料的总量比例不低于20%(总量比可为质量比、体积比、数量比等,应根据实际情况确定),则认为该项条文完全满足要求。

5.2.3 起居室(厅)应配套设施、材料、照明、控制面板、插座和收纳等满足起居功能和数量需求的部品、材料。

5.2.4 卧室应配套设施、材料、照明、控制面板、插座和收纳等满足卧室功能和数量需求的部品、材料。

5.2.5 根据《住宅设计规范》GB 50096 第 5.3.3 条,厨房应设置洗涤池、案台、灶具及排油烟机、热水器等设施或为其预留位置。根据第 5.3.4 条,厨房应按炊事操作流程布置。厨房应配套设施、材料、橱柜及厨电设施、照明、控制面板、插座和收纳等满足炊事功能和数量需求的部品、材料。

5.2.6 根据《住宅设计规范》GB 50096 第 5.4.1 条,每套住宅应设卫生间,应至少配置便器、洗浴器、洗面器三件卫生设备或为其预留设置位置及条件。卫生间应配套设施、材料、卫浴设施、照明、控制面板、插座和收纳等满足便溺、洗浴、盥洗功能和数量需求的部品、材料。

5.2.7 套内前厅应配套设施、材料、照明、控制面板、插座和收纳等满足人员出入户所需的换鞋、整理衣帽、物品收纳等功能和数量需求的部品、材料。

5.2.8 餐厅应配套设施、材料、照明、控制面板、插座和收纳等满足人员就餐等功能和数量需求的部品、材料。

5.2.9 阳台功能可单独设置,或与其他空间形成共享,应配套设施、材料、照明、控制面板、插座和收纳等满足设定功能和部品数量需求的部品、材料。

5.2.10 收纳系统根据功能选用相应的材料、部品。木制收纳系统的材质应区分纯原木和合成材料;其他材质收纳系统应区分无机材料和有机材料。木制收纳系统原料分天然纯原木和合成材料,如榉木、榆木、樟木、黄花梨等天然环保材料;合成材料有双饰板、吸塑板、烤漆板等人造合成木质材料,含一定甲醛,环保等级降低;有机材料即有机化合物组成的,比如像塑料、聚乙烯、聚氯乙烯之类的,包括橡胶、人造合成板等环保等级低的材料;无机材料可能含有碳、氢、氧,也可能含有其他物质,比如玻璃、铁、不锈钢、铝合金等环保等级高的材料。

5.2.11 建筑工业化是指以构件预制化生产、装配式施工的生产方式,通过现代化的制造、运输、安装和科学管理的大工业的生产方式,来代替传统建筑业中分散的、低水平的、低效率的手工业生产方式。

内装体系的产业化是对成品住宅的技术支撑,促进装配式内装向"工业化建造"方向的转变,从而实现"像造汽车一样造房子"。

首先,住宅设计标准化,建立建筑、部品协调的模数体系,开展通用性和互换性研究,确定部品、建筑公差与配合的优先级,使住宅像汽车一样由各种部件、零件组装而成。推进住宅产业化,实现部品的工业化生产,将住宅的现场施工转向工厂制造,像汽车零部件一样的产业化配套保障,形成住宅部品的系列化、规模化。

将部分或完全工厂生产的部品,通过可靠的运输方式运至施工现场,通过可靠的连接形式完成建筑从部分到整体的装配,形成"住宅建造"的新模式,使住宅像汽车装配一样,借助各种工装、卡具,按工序组装而成。

由于住宅的功能复杂、系统繁多、材料和部品的选择各异,集成技术将住宅设备与管线系统通过组装方式连接成具有一定功能的单元,该单元可以整体或分成几个部件组装至功能空间,叫作总成安装。

5.2.12 燃气表应区分户外安装和厨房内安装,优先设置在生活阳台。厨房应设可燃气体浓度探测器。

5.2.13 除上述提供的功能空间外,其他拓展功能空间设施配套应按功能配套相应材料、部品。如健身房地面材质应选用降噪、减震等材料,视听室各界面材质应选用吸声、隔声、降噪等材料。

6 人体工程

6.1 基本项

6.1.1 住宅空间具有地域特征，如北方冬天严寒而需要暖气，南方冬天温和而不需要暖气；考核成品住宅项目需结合当地地域特征来评价；拓展功能空间是在原有住宅空间里增加新的功能，如宽敞的会客厅增加一个开放式书房，同时又能满足亲子活动；阳台拓展成茶室，提升空间品质，赋予空间文化内涵。这些拓展功能空间尺寸应以人体活动特征来确定空间尺度并合理选用配套设施。住宅空间以人为主体，从人的尺度、动作域、心理空间、生理空间以及人际交往的空间等方面来确定基本功能空间尺寸和配套设施。

6.1.3 厨房遵循洗、切、炒炊事操作流程和人体活动特征确定空间尺寸来布置配套设施。应符合《住宅室内装饰装修设计规范》JGJ 367－2015 第 4.5 条、《河南省成品住宅设计标准》DBJ41/T 163－2016 第 4.4 条对厨房的相关规定。

6.1.4 卫生间应根据人体活动特征确定人的尺度、动作域、心理空间、生理空间等人体指标，来确定舒适的卫生间空间尺寸并选择尺寸合适的便器、洗浴器、洗面器等基本设施来布置。同时应符合《住宅室内装饰装修设计规范》JGJ 367－2015 第 4.7 条、《河南省成品住宅设计标准》DBJ41/T 163－2016 第 4.5 条对卫生间的相关规定。

6.2 评分项

6.2.2 起居室是住宅空间使用最频繁的活动空间，属于动区，应避免和休憩空间静区交叉。空调送风口避免正对人员长时间停留的地方，这样容易引起人体不适，如导致头疼、感冒等症状，影响人体身体健康。建筑设备点位定位尺寸应以人的活动和生活习惯为依据,结合配套相关附属设施合理设置。例如,可视对讲、温控面板、开关插座等应该设置在易于操作的位置;同时电视机对应的电源插座、电话、网络接口一般设置在低位,容易与电视柜等家具产生交叉,妨碍其使用,如果将上述接口设置在避开电视柜的高度,这样既能操作便利,也能保证电视柜可靠墙摆放。另外,起居室中的机电点位也需要与各类控制末端形状、材质、设置的位置、高度等整体协调考虑,与室内的装修设计保持一致和美观。同时符合《住宅室内装饰装修设计规范》JGJ 367 - 2015 第 4.3 条、《河南省成品住宅设计标准》DBJ41/T 163 - 2016 第 4.2 条对起居室的相关规定。

6.2.3 卧室是休憩空间,属于静区,设计时避免和动区交叉。空调送风口避免正对人员长时间停留的地方,这样容易引发疾病,影响人体身体健康。卧室应设置夜灯,便于晚上起夜。为满足人们日益美好生活的需求,主卧宜设置专用卫生间、衣帽间,提高生活品质,满足居住者生理和心理的需求。卧室建筑设备点位定位尺寸应以人的活动特征和生活习惯为依据,结合配套相关附属设施合理设置。

6.2.4 根据《住宅室内装饰装修设计规范》JGJ 367 - 2015 第 4.5 条、《河南省成品住宅设计标准》DBJ41/T 163 - 2016 第 4.4 条对厨房的相关规定。厨房为成品住宅基本功能性空间,其空间尺度应以人体活动特征为依据展开,L 形或 U 形等橱柜和配套设施应以炊事操作流程短捷顺畅为主,合理布局。燃气管线应与厨房设施布置同步设计,这样可以避免不合理的设计和交工过程中出现的瑕疵,空间显得整洁美观。

6.2.5 根据《住宅室内装饰装修设计规范》JGJ 367 - 2015 第 4.7 条、《河南省成品住宅设计标准》DBJ41/T 163 - 2016 第 4.5 条对卫生间的相关规定。随着科技的发展,装配式内装集成卫生间日益备受青睐，既绿色节能，又不容易渗漏。卫生间为成品住宅基本功能性空间，其空间尺度应以人体活动特征为依据展开，结合配套设施合理进行干湿二、三、四分离式卫生间分区布置，其配套设施尺寸与公用管线的接口位置、尺寸相适应。同时考虑卫生间适老化设施，以满足老人活动特征。

6.2.6 根据《住宅室内装饰装修设计规范》JGJ 367－2015第4.10条、《河南省成品住宅设计标准》DBJ41/T 163－2016第4.6条对阳台的相关规定。阳台根据其功能性，配备相应的附属设施满足人的生活需求和人体活动特征，来确定空间的相应尺寸以及相应的建筑机电设备点位定位尺寸。

6.2.7 根据《河南省成品住宅设计标准》DBJ41/T 163－2016第4.2条对玄关的相关规定。入户门口玄关是人回家第一空间，住户要解决站着换衣，坐着换鞋、梳妆，放置钥匙、雨伞、行李箱等一系列人性化生活习惯，因而必须有功能完善的收纳空间，同时收纳空间要结合本地人体活动特征。

6.2.8 根据《河南省成品住宅设计标准》DBJ41/T 163－2016第4.1.3条对收纳空间的相关规定。成品住宅根据功能需求合理设置收纳空间，并结合建筑墙体、顶棚等部位进行整体设计，宜采用标准化、装配式设计，可根据使用需求局部调整内部空间分隔。

6.2.9 成品住宅在满足整体基本照度的情况下，一个空间中不同活动区域也会有不同的照度要求，以满足人体活动以及心理和生理需求的不同场景照明模式。照明模式应结合不同的场景功能合理设置灯光位置、照度及色温，满足人体活动产生的心理、生理需求，如低色温给人温馨、舒适、经典的感觉，比较适合感性一面，如餐厅和卧室；中色温给人一种清爽、激情、时尚的感觉，适合阅读、用餐等。卧室和餐厅采用低色温光源。

6.2.10 随着科技的发展以及人们日益对美好生活的向往，家居智能化系统进入平常百姓家庭，智能化又分基本、先进和高端智能化。如智能门禁对讲、电动窗帘控制等属于基本智能化；煤气泄漏报警、自动计量远传（水表、电表、燃气表、暖气）、交互式智能控制等属于先进智能化；环境自动控制、现代化厨卫环境、家庭健康服务、家庭信息服务等属于高端全屋家居智能化体系。

6.2.11 根据《河南省成品住宅设计标准》DBJ41/T 163－2016 第4.1.2条，成品住宅空间中各界面的材质、规格、色彩等直接影响人体五觉感官（视觉、触觉、嗅觉、味觉、听觉）的感受，对人的心理、生理及健康产生很大的影响，关系到业主的生活品质。如卧室选用红色，会使人精神兴奋，不利于睡眠。因而，成品住宅空间设计应遵循统一协调原则，避免大面积使用饱和度较高的色彩，或色彩应用不当造成的色彩污染，保证空间的使用效果，宜采用中性或暖性色调。人是空间主体，空间的各功能分区都以满足人的活动特征、生理需求、心理需求和精神需求，而各功能空间界面的材料色彩质地都和其功能空间相匹配，满足人的五觉感官体验，因而成品住宅色调宜为中性或暖性。

6.2.12 随着工业化的技术不断发展，住宅设备与管线日趋增多，而大多被隐蔽在吊顶、墙体或地面内，出现问题时不易排查、维修，常常需要大量拆除面层或重新施工。为了便于后期维护和维修，因此此处提出设备与管线应设置易于检修的措施。

6.2.13 根据《住宅室内装饰装修设计规范》JGJ 367－2015 第7章，《无障碍设计规范》GB 50763 相关要求。

1 室内设计不应改变原住宅公用部分无障碍设计，不应降低无障碍住宅中套内卧室、起居室（厅）、厨房、卫生间、过道及共同部分的要求。

2 无障碍住宅的家具、陈设品、设施布置后，应留有符合现行国家标准《无障碍设计规范》GB 50763 中规定的通往套内入口、起居室（厅）、餐厅、厨房、卫生间、储藏室及阳台的连续通道，且通道地面应平整、防滑、反光小，并不宜采用醒目的厚地毯。

3 无障碍住宅不宜设计地面高差,当存在大于 15 mm 的高差时,应设缓坡。

4 在套内无障碍通道的墙面、柱面的 0.06 ~ 2.00 m 高度内,不应设置凸出墙面 100 mm 以上的装饰物。墙面、柱面的阳角宜做成圆角或钝角,并应在高度 0.40 m 以下设护角。

5 无障碍厨房设计应符合现行国家标准《无障碍设计规范》GB 50763 和《住宅厨房及相关设备基本参数》GB/T 11228 的相关规定。

6 无障碍卫生间设计应符合现行国家标准《无障碍设计规范》GB 50763 和《住宅卫生间功能及尺寸系列》GB/T 11977 的相关规定。

7 套内玄关前厅是搬运大型部品必经之路,涉及适老性的问题,所以规定套内入口过道(含玄关)净宽不宜小于 1.20 m,同时要满足安全疏散要求。

7 室内环境

7.1 基本项

7.1.1 室内设计应满足《绿色建筑评价标准》GB/T 50378 的要求,按照“四节一环保”的设计理念,通过绿色建筑施工图审查或取得绿色建筑设计标识认证证书。

7.1.2 室内安全应满足《住宅室内装饰装修设计规范》JGJ 367 中第 11 章安全防范的规定,符合消防安全和结构安全要求。

7.1.3 燃气工程设计应满足《城镇燃气设计规范》GB 50028 中第 10.4 条居民生活用气的规定,符合用气安全要求。

7.2 评分项

7.2.1 满足《绿色建筑评价标准》GB/T 50378 的要求,优化功能空间、平面布局和通风设计,改善自然通风效果,主要功能房间的采光系数满足现行国家标准《建筑采光设计标准》GB 50033 的要求,围护结构热工性能指标优于国家现行相关建筑节能设计标准的规定,有效采取可调节遮阳措施,降低夏季太阳辐射得热。套内日照、采光、通风和隔声设计应满足《绿色建筑评价标准》GB/T 50378 的要求,宜采用建筑模拟分析软件进行仿真计算。

7.2.2 室内空气质量满足《民用建筑供暖通风与空气调节设计规范》GB 50736 中第 7 章空气调节的规定。气流组织的规定,根据空调区的温湿度参数、允许风速、噪声标准、空气质量、温度梯度以及空气分布特性指标(ADPI)等要求,结合内部装修、工艺或家具布置等确定;复杂空间空调区的气流组织设计,宜采用计算流体动力学(CFD)数值模拟计算。根据人体舒适健康环境要求,设置空气净化装置。厨房、卫生间、步入式衣帽间应满足《民用建筑供暖通风与空气调节设计规范》GB 50736 中第 6 章通风的规定，应设置机械通风或自然通风与机械通风结合的复合通风，厨房和卫生间全面通风换气次数不宜小于 3 次/h。

7.2.3 采取有效措施降低室内环境污染物控制浓度，如使用绿色环保材料、新风系统等，且室内空气环境污染物浓度限值至少应符合表 7.2.3 的规定。

7.2.4 满足《绿色建筑评价标准》GB/T 50378 的要求，通过套内功能空间合理布局，采用降低噪声的有效措施（如采用轻质隔声墙板、楼板，通风隔声窗，低噪声复合木地板，吸声涂料等），使室内噪声级达到现行国家标准《民用建筑隔声设计规范》GB 50118 中的低限标准限值和高要求标准限值的平均值，构件及相邻房间之间的空气声隔声性能、楼板的撞击声隔声性能达到现行国家标准《民用建筑隔声设计规范》GB 50118 中的低限标准限值和高要求标准限值的平均值。

室内噪声级应满足《民用建筑隔声设计规范》GB 50118 中第 4.1 条允许噪声级的规定（见表 4.1.1、表 4.1.2）。

表 4.1.1 卧室、起居室（厅）内的允许噪声级

房间名称	允许噪声级（A 声级，dB）	
	昼间	夜间
卧室	≤45	≤37
起居室（厅）	≤45	

表 4.1.2 高要求卧室、起居室（厅）内的允许噪声级

房间名称	允许噪声级（A 声级，dB）	
	昼间	夜间
卧室	≤40	≤30
起居室（厅）	≤40	

室内噪声级应满足《民用建筑隔声设计规范》GB 50118 中第4.2条隔声标准的规定(见表4.2.1～表4.2.3)。

表4.2.1　户(套)门和户内分室墙的空气声隔声标准

构件名称	空气声隔声单值评价量+频谱修正量(dB)	
户(套)门	计权隔声量+粉红噪声频谱修正量 Rw+CIr	>25
户内卧室墙	计权隔声量+粉红噪声频谱修正量 Rw+C	>35
户内其他分室墙	计权隔声量+粉红噪声频谱修正量 Rw+C	>30

表4.2.2　分户楼板撞击声空气声隔声标准

构件名称	撞击声隔声单值评价量(dB)	
卧室、起居室(厅)的分户楼板	计权规范化撞击声压级 Lnw (实验室测量)	<75
	计权标准化撞击声压级 L′nTw (现场测量)	≤75

表4.2.3　高要求分户楼板撞击声空气声隔声标准

构件名称	撞击声隔声单值评价量(dB)	
卧室、起居室(厅)的分户楼板	计权规范化撞击声压级 Lnw (实验室测量)	<65
	计权标准化撞击声压级 L′nTw (现场测量)	≤65

7.2.5　室内照明应满足《住宅室内装饰装修设计规范》JGJ 367

中第9.1采光照明的要求，满足《室内照明不舒适眩光》GB/Z 26212中统一眩光值要求，不使用大面积高反射度的内装材料，避免导致不舒适的眩光。

7.2.6 满足《绿色建筑评价标准》GB/T 50378的要求，优先使用较高用水效率等级的卫生器具，用水效率等级达到2级以上，采取有效措施避免管网漏损或其他措施（比如：水的梯级利用等节水措施）。鼓励采用净化装置提升用水水质。

8 成品效果

8.1 基本项

8.1.1 工程质量应按《河南省成品住宅工程质量分户验收规程》DBJ41/T 194 组织验收，并应提交“成品住宅工程质量分户验收单户汇总表”。

8.1.2 完整和真实的资料是施工过程符合设计、标准、规范的依据，也是施工过程记录的反映，因此完整和真实的施工资料、验收报告以及相应产品的说明书是工程竣工验收的基本条件。隐蔽工程在隐蔽后，如果发生质量问题，会造成返工等巨大的经济损失，还可能造成人员伤亡。手续完备、文字和影像照片资料齐全、完整、真实，能有效避免资源的浪费和后期运营安全，保证工程的质量。

8.1.3 因油漆的保养期至少为 7 天，所以强调在工程完工 7 天以后，对室内环境质量进行检测，检测结果应符合国家和河南省现行的有关标准的规定。

8.1.4 《河南省住房和城乡建设厅关于加快发展成品住宅的通知》(豫建〔2015〕190 号)规定：“成品住宅开发企业应在销售楼盘内建造实体装修样板房，向购房者展示交房标准。样板房要真实反映装修标准和施工质量，成品住宅交房标准不能低于样板房水平。样板房在该户型住房全部交付 6 个月后方可拆除。”为满足上述要求提出此条规定。

8.2 评分项

8.2.2 便于提高住宅部品互换性和通用性。

8.2.3 实践证明，一体化管理(如采用一体化设计、一体化施工等)可有效缩短建设工期和提高工程质量,因此在此提出在项目实施中采用一体化管理。

8.2.5 样板房体验舒适效果明显。

9 提高与创新

9.1 评分项

9.1.1 成品住宅设计和建造中积极采用创新技术，有效提升住宅的舒适性和居住品质。通过"四节一环保"绿色低碳技术应用，提升住宅的绿色建筑性能；采用一体化设计，通过部品模块化、套型标准化设计，实现部品与建筑的模数协调；采用一体化设计、施工和管理，保证住宅品质；合理选用集成化、标准化部品体系，采用干式工法，实现施工装配化；鼓励成品住宅的设计、施工和运维管理的全过程应用建筑信息模型(BIM技术)。

9.1.2 通过在成品住宅设计和建造中采用新技术、新工艺、新材料、新设备，或采用其他创新技术和管理方法，鼓励为本项目申请专利和行业或省部级以上科学技术奖。